BEI GRIN MACHT SICH IHR WISSEN BEZAHLT

Bibliografische Information der Deutschen Nationalbibliothek:

Die Deutsche Bibliothek verzeichnet diese Publikation in der Deutschen National-
bibliografie; detaillierte bibliografische Daten sind im Internet über http://dnb.d-
nb.de/ abrufbar.

Impressum:

Copyright © 2014 GRIN Verlag, Open Publishing GmbH
Druck und Bindung: Books on Demand GmbH, Norderstedt Germany
ISBN: 978-3-668-05485-1

Dieses Buch bei GRIN:

http://www.grin.com/de/e-book/307301/einfuehrung-in-die-fraktale-geometrie

Jesse Stellmach

Einführung in die Fraktale Geometrie

Definition, Eigenschaften, Geschichte, Erzeugung und Verwendung

GRIN Verlag

GRIN - Your knowledge has value

Der GRIN Verlag publiziert seit 1998 wissenschaftliche Arbeiten von Studenten, Hochschullehrern und anderen Akademikern als eBook und gedrucktes Buch. Die Verlagswebsite www.grin.com ist die ideale Plattform zur Veröffentlichung von Hausarbeiten, Abschlussarbeiten, wissenschaftlichen Aufsätzen, Dissertationen und Fachbüchern.

Besuchen Sie uns im Internet:

http://www.grin.com/

http://www.facebook.com/grincom

http://www.twitter.com/grin_com

Wolfhelmgesamtschule Olfen

Jahrgangsstufe 12

Facharbeit
im Grundkurs Mathematik

Einführung in die Fraktale Geometrie

Definition, Eigenschaften, Geschichte, Erzeugung und Verwendung

Jesse Nikolai Stellmach

2015

Inhaltsverzeichnis

1. Einleitung

1.1. Vorwort: Relevanz des Themas und Begründung der Themenwahl

Fraktale sind ein wesentlicher Bestandteil der Natur. Sie waren Jahrhunderte, ja gar Jahrtausende für den Menschen unsichtbar, obgleich er überall von ihnen umgeben ist. Wir haben es dem Mut einiger weniger Wissenschaftler, eine andere Richtung einzuschlagen, zu verdanken, dass wir heute von diesem Wissen profitieren können. Ich habe dieses Thema gewählt weil es in mir eine Verbundenheit zur Natur herstellt. Fraktale sind der Natur immanent und bestätigen damit ein wesentlichen Gedanken, den schon die alten Hochkulturen auf unserem Planeten hatten, nämlich „wie oben, so unten", Stichwort *Selbstähnlichkeit*. Dies ist ein Grundpfeiler des esoterischen Weltbildes, das besagt, dass die Menschen eins mit der Welt sind, das alles eins miteinander ist. Letztlich drückt sich die Natur immer in der Sprache der Mathematik aus und ist dabei oft rätselhaft, doch haben die größten Philosophen der Erdgeschichte, die damals auch zugleich geschickte Mathematiker waren, auch schon erkannt, dass die Mathematik die universelle Sprache des Universums ist, denn sie ist allgemeingültig.

Ich widme mich in meiner Facharbeit der Fraktalen Geometrie und wie man sie in der Mathematik ausdrücken kann. Sie ist ein grundlegendes Element der *heiligen Geometrie* und bildet zusammen mit anderen Aspekten ein großes Ganzes, von dem man später erkennt, dass es im Grunde immer wieder das gleiche Prinzip ist. In der Vergangenheit war ich immer wieder fasziniert, wenn ich intuitiv Zusammenhänge zwischen mathematischen Phänomenen entdeckte und diese später bestätigt wurden, wie zum Beispiel der Zusammenhang der Fibonacci-Folge und Fraktalen. Es sei auch auf den goldenen Schnitt und die sogenannte Blume des Lebens verwiesen, die ebenfalls andere Aspekte der heiligen Geometrie sind. Die fraktale Geometrie hat einen äußerst positiven Einfluss auf alle Aspekte unseres Lebens, sie macht das Universum erst möglich, wenn man so will, aber dazu später mehr. Schließlich bleibt zu sagen, dass es viele Gründe für mich gab dieses Thema zu wählen, ich beschäftige mich schon seit längerem mit der Thematik und sehe diese Facharbeit als Chance mein eigenes Wissen darüber zu verdichten.

1.2. Angestrebtes Ziel der Facharbeit

Ich habe mir vorgenommen in dieser Facharbeit dem Leser einen ersten Eindruck über die fraktale Geometrie zu versschaffen, sie soll als Einführung in die fraktale Geometrie verstanden werden. Ich möchte erklären, was Fraktale sind, wie sie erzeugt werden, wann und wie sie entdeckt wurden. Ich möchte versuchen anschauliche Rechenbeispiele zu präsentieren und an anderen Stellen schwierige Sachverhalte in einfache Worte zu fassen, dabei aber exakt zu bleiben. Mein Ziel ist, dass jeder, der diese Facharbeit liest danach verstanden hat, was Fraktale sind und warum es so wichtig ist, sich mit ihnen auseinanderzusetzen.

1.3. Gliederung der Facharbeit

Nach längerer Überlegung habe ich mich dazu entschlossen meine Facharbeit in fünf Teile zu gliedern. Von diesen fünf Teilen sollen zwei Teile besonders intensiv behandelt werden, nämlich der Teil „Erzeugung von Fraktalen" und „Fraktale in Natur und Hochtechnologie". Doch vorerst soll geklärt werden, was Fraktale sind und wie sie entdeckt wurden. Als letzter Teil soll ein kurzer Vergleich zur klassischen Mathematik folgen, in dem ich Bezug darauf nehmen möchte, dass die Mathematiker zur Entdeckungszeit der Fraktale, diese als nicht gleichwertig zur klassischen euklidischen Mathematik angesehen haben. Schließlich ziehe ich ein Resümee meiner Arbeit und versuche letztlich meine Ergebnisse zusammenfassen. Aus diesem Grund versuche ich die Facharbeit so darzustellen, dass sich letztlich der Kreis schließt.

2. Was sind Fraktale?

2.1. Begriffsdefinition: „Fraktal"

Ein Fraktal ist laut Duden ein „komplexes geometrisches Gebilde, wie es ähnlich auch in der Natur vorkommt (z.b. das Adernetz der Lunge)"[1]. Der Begriff des „Fraktals" wurde geprägt von Benoît B. Mandelbrot, der diesen aus dem lateinischen fractus ‚gebrochen'[2] herleitete. Der Grund dafür ist, dass sich die fraktale Geometrie nicht mit klassischen euklidischen Strukturen befasst, wie zum Beispiel Kreise, Geraden, Würfel u. a.[3], sondern mit komplexen Gebilden, die gebrochen erscheinen. So beginnt B. B. Mandelbrot sein Buch „Die Fraktale Geometrie der Natur" mit der Feststellung, dass Wolken, sowie Berge nicht aus euklidischen Körpern bestehen.

2.2. Generelle Eigenschaften von Fraktalen

Zu den generellen Eigenschaften von Fraktalen ist die Selbstähnlichkeit wohl die am häufigsten erwähnte. Es gibt jedoch weitere Eigenschaften, die ein Fraktal ausmachen und dabei auch unmittelbar mit der Selbstähnlichkeit in kausalem Zusammenhang stehen. Im Folgenden wird der Zusammenhang zur Iteration, Komplexität und der fraktalen Dimension dargestellt bzw. werden diese Begriffe definiert, um im weiteren Verlauf der Facharbeit eine einheitliche Definition zu schaffen.

2.2.1. Entstehung durch Iteration

Fraktale werden durch sogenannte „Iterationen" erzeugt. Iterieren bedeutet in der Mathematik, dass man einen gleichen Prozess auf bereits gewonnene Ergebnisse wiederholend anwendet.[4] Für gewöhnlich beziehen sich iterierende Prozesse auf recht einfache Rechenregeln, die sich immer wiederholen. Ein Beispiel:[5]

$$f\textbf{c}\,(z) = z^2 + \textbf{c}$$

Mit dieser Formel soll das Verhalten von 0 unter Iteration von fc dargestellt werden. In diesem Fall setze ich für c die Zahl 1 ein, wir werden später auf c zurückkommen, und für z die Zahl 0. Das Ergebnis der jeweiligen Funktion wird dann wieder für z eingesetzt und dies unendlich mal.

$$f1\,(0) = 0^2 + 1 = 1$$

1.Iteration

$$f1\,(1) = 1^2 + 1 = 2$$

2.Iteration

$$f1\,(2) = 2^2 + 1 = 5$$

2.2.2. Selbstähnlichkeit

Fraktale sind selbstähnliche Strukturen. Selbstähnlich ist etwas, wenn es seine Form behält, sprich immer gleich oder ähnlich aussieht, wenn es vergrößert oder verkleinert wird, wie oben so unten. Diese wichtige Eigenschaft von Fraktalen hängt unmittelbar mit der iterativen Erzeugung von Fraktalen zusammen. Die gleiche Rechenvorschrift wird unendlich mal, bzw. mehrmals angewendet, so entsteht oft ein gleiches oder ähnliches Ergebnis, auch bei Betrachtung eines größeren bzw. kleineren Ausschnittes. Die Selbstähnlichkeit wird im Folgenden immer wieder eine große Rolle spielen.

2.2.3. Fraktale Dimension

Die Definition des Dimensionsbegriffs ist keine einfache, so beziehe ich mich nun zuerst auf die topologische, gerade Dimension. Als topologische Dimension wird in der Mathematik ein Konzept bezeichnet, das die Anzahl der Freiheitsgrade einer Bewegung in einem bestimmten Raum anzeigt. So hat ein Punkt die Dimension 0, denn er kann sich in keine Richtung ausdehnen. Folglich hat die Gerade die Dimension 1, da sie sich in eine Richtung ausdehnt. Bei Betrachtung einer Ebene ist klar, dass sie sich in zwei Richtungen ausbreitet, deshalb braucht man zwei Koordinaten, um einen Punkt auf einer Ebene zu lokalisieren, die Ebene hat also die Dimension 2. Nun kann man den nächsten Schritt gehen und sich einen Körper anschauen, er dehnt sich in drei Richtungen aus, man braucht folglich drei Koordinaten, um einen Punkt in seinem Raum zu lokalisieren, er hat die Dimension 3.

Fraktale haben eine solche gerade Dimension nicht, vielmehr erstrecken sie sich über andere Dimensionen, so kann es vorkommen, dass ein Fraktal die Dimension 2,35 hat. Felix Hausdorff legte den Grundstein für das Verständnis fraktaler Dimensionen, sie soll angeben, wie „gebrochen" eine Ebene oder ein Körper ist. So befindet sich die Fraktale Dimension zwischen der Dimension 1 und der Dimension 3, zwischen Gerade und Körper. Wenn man eine Figur die, nahe der Dimension 1, also einer Geraden ist, immer weiter „bricht" - unendlich oft bricht - wird sie schließlich zur Ebene. Zwischen der zweiten und dritten Dimension geschieht dasselbe, die Figur geht in den Raum über, in den Körper. Es sei angemerkt, dass der Umstand der

3

Unmöglichkeit des Konstruierens von natürlichen Gebilden, wie Wolken oder Berge mit euklidischer Geometrie, B. B. Mandelbrot dazu veranlasste über den Dimensionsbegriff nachzudenken[6] und errechnete unter anderem die durchschnittliche Dimension von Wolken: 2,35.

2.2.4. Komplexität

Die Komplexität eines Fraktals ist für den Menschen kaum erfassbar, denn sie ist unendlich. Aber ihre Komplexität hat nichts mit Kompliziertheit zu tun. Ein Fraktal ist also unendlich komplex, doch was heißt das für uns? Im Gegensatz zur euklidischen Geometrie bleibt ein Fraktal immer gleich komplex und passt sich nicht an, wie der Kreis, der sich bei stetiger Vergrößerung an eine Gerade annähert. Hier ist wieder der Zusammenhang zur Iteration gegeben, denn um ein ideales Fraktal zu erzeugen, muss es unendlich iteriert sein, folglich ist es im Kleinen, wie im Großen komplex, um nicht zu sagen iterativ. Ein daraus folgendes Phänomen, auf das wir später in anderen Zusammenhängen eingehen, ist die unendliche Länge des Fraktals, denn mit zunehmender Iteration, nimmt auch die Länge fast jedes Fraktals an sich zu. Letztlich sei zur Komplexität angemerkt, dass diese besonders zum Ausdruck kommt, wenn man die Startbedingungen bei der Erzeugung von Fraktalen verändert. Denn die Ergebnisse sind verblüffend. Eine winzige Veränderung der Startbedingungen führt zu einer ungeahnten Veränderung des Gesamtbildes, des Fraktals also. Dieser Effekt, auch bekannt als „Schmetterlings-Effekt", ist ein wichtiger Aspekt, um fraktale Geometrie mit der Chaostheorie zu verknüpfen (DYS).

2.3. Eigenschaften erklärt an der *Koch-Kurve*

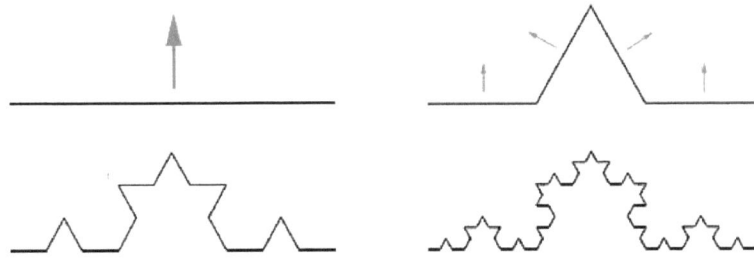

M1: Erzeugung der Koch-Kurve

Die Koch-Kurve wurde 1904 vom schwedischen Mathematiker Helge Koch vorgestellt und ist somit eines der ersten formal vorgestellten Fraktale, wenn auch nicht als solches benannt. An ihr lassen sich alle vorher beschriebenen Eigenschaften gut veranschaulichen.

Man beginnt mit einer Geraden auf die man ein Dreieck zeichnet und den unter dem Dreieck liegenden Teil der Geraden entfernt. Nun hat man statt einer Geraden, vier Geraden. Das war

4

die erste Iteration. Als nächstes macht man das gleiche wieder, mit jeder Geraden, unendlich oft. Nach jeder Iteration ist sie $\frac{1}{3}$ länger, als vorher. Am Ende haben wir eine Kurve deren Länge nicht messbar ist, für das Auge erscheint sie endlich, doch mathematisch ist sie unendlich lang. Auf dieses Phänomen kommen wir später erneut zu sprechen (siehe Punkt 5.1.2. und 5.2.1.), denn nun wird schon klar, dass die unendliche Länge mit der fraktalen Dimension zusammenhängt. Außerdem wird bei Betrachtung von **M1** deutlich, es wird zumindest angedeutet, dass die Koch-Kurve bei Vergrößerung immer gleich aussieht, sie ist also selbstähnlich aufgrund der immer gleichen Iteration. Diese Eigenschaft wird bei jeder Iteration deutlicher und ist zu beweisen dadurch, dass man an keiner Stelle der Koch-Kurve eine Tangente anlegen kann. Also bleibt festzustellen, dass die Koch-Kurve ein komplexes geometrisches Objekt ist, welches alle Eigenschaften eines Fraktals erfüllt. Zur Zeit ihrer Entdeckung wurde sie als „pathologische Kurve" bezeichnet, weil sie nicht mit der euklidischen Geometrie erklärt werden konnte (NOVA).

3. Historischer Exkurs: Wie wurden Fraktale entdeckt?

3.1. Warum wurden Fraktale erst so spät entdeckt?

Fraktale waren schon immer da, sie sind der Natur immanent. Zu behaupten Fraktale wurden spät entdeckt ist vielleicht sogar etwas weit ausgeholt. Wie Menschen haben bis vor wenigen Jahrhunderten noch im vollen Einklang mit der Natur gelebt und haben diese fundamentale Eigenschaft der Natur ganz natürlich wahrgenommen. Auch der japanische Maler Katsushika Hokusai hat schon Fraktale gezeichnet **(M2)**. Er zeichnete z.B. Wolken oder Wellen auf denen wieder Wellen waren. Aber warum ist dieses fundamentale Verständnis erst im frühen 20. Jahrhundert wieder in unser Bewusstsein zurückgekehrt?

M2: Die große Welle vor Kanagawa (ca. 1830)

Nach Newton waren alle Körper sozusagen eingespannt in ein Uhrwerk, in dem alles mit den vorhandenen Gesetzen der Physik, der Mathematik und den anderen Wissenschaften erklärt werden konnte. In dieses Weltbild gehörten glatte Flächen, Geraden, Pyramiden, Ikosaeder, im Grunde glatte Strukturen, wie es die euklidische Geometrie kannte. Dieses eingefahrene Denken wurde erst am Anfang des 20. Langsam aufgebrochen. Zum Anfang des letzten Jahrhunderts hatten die Mathematiker Probleme mit sogenannten „Mathematischen Monster". Schon der in Sankt Petersburg geborene deutsch-stämmige Georg Cantor (1845 – 1918) stellte die sogenannte Cantor Menge auf die ein solches „Mathematisches Monster" darstellt. Man nimmt eine Gerade, entfernt das mittlere Drittel und macht das gleiche mit den daraus resultierenden Geraden, man führt diese Iteration unendlich mal durch und sollte meinen am Ende bleibt nichts übrig, aber man hat am Ende tatsächlich unendlich viele Geraden.

In der darauf folgenden Zeit beschäftigten sich immer mehr Mathematiker mit diesen „Mathematischen Monstern", weil die Computertechnologie dies ermöglichte. B. B. Mandelbrot war ein Vorreiter im Verständnis der fraktalen Geometrie. Und er wurde auch angefeindet, man behauptete, dass die fraktale Geometrie keine richtige Mathematik sei und nur Dummheiten aus einer dummen Rechenmaschine sei. Aber schnell wurde das Gegenteil bewiesen, Mandelbrot brachte ein ganz neues Verständnis der Welt mit sich von dem wir in vielerlei Hinsicht profitieren. Vielen nahmen Mandelbrots Ideen auf und bis heute wurden eine Menge nützliche Erfindungen dank der fraktalen Geometrie realisiert (NOVA).

3.2. Wer hat die Fraktale Geometrie entdeckt und wie?

Wie bereits erwähnt hat die fraktale Geometrie nicht nur einen Entdecker, sondern habe vielmehr haben viele Menschen, die abseits des Mainstreams – wie man heute sagen würde – an etwas neuem gearbeitet haben dazu beigetragen, dass wir heute ein recht gutes Verständnis der fraktalen Geometrie und ihrer Eigenschaften haben. Zu den wichtigsten Persönlichkeiten gehören: B. B. Mandelbrot, Gaston Julia, Georg Cantor und Helge von Koch.

3.3. Bedeutung von Computern

Gaston Julia beschäftigte sich schon früh mit iterativen Funktionen, konnte die nach ihm benannte Julia-Menge aber nie grafisch dargestellt sehen. Grund ist die schiere Masse an Informationen, die man verarbeiten muss, um eine solche Julia Menge grafisch darzustellen, das ist ohne Computer nicht zu schaffen gewesen. Wenn man zum Beispiel eine Julia-Menge erzeugen will führt man mindestens 100 Iterationen durch. Also hundertmal die Rechnung $z_{n+1} = z_n{}^2 + c$, dann hat man aber nur einen Punkt der Julia-Menge. Bei einer Bildschirmauflösung von 200x300 Pixeln, also 60000 Pixel, kommt man auf eine Zahl von $100 \times 60000 = 6000000$ Rechenschritten, die man im Kopf rechnen müsste (DYS). Also musste die fraktale Geometrie weitere Jahrzehnte auf ihre vollständige Erforschung warten. B. B. Mandelbrot publizierte unter anderem das revolutionierende Buch „Fractals: Form, Chance and

Dimension, Freeman" (San Francisco 1977). Mandelbrot der seit 1958 bei IBM arbeitete war in vielerlei Hinsicht ein Vorreiter in dem Bereich der fraktalen Geometrie und durch den Zugang zu hochleistungsfähigen Computern konnte er seine Arbeit vertiefen und schließlich auch die berühmte, nach ihm benannte, Mandelbrot-Menge erzeugen.

3.3.1. Fortschritt in der Computertechnologie

Das Mooersche Gesetz besagt, dass sich die Komplexität integrierter Schaltkreise etwa binnen 12 – 24 Monaten verdoppelt.[7] Das bedeutet für die Mathematik, speziell auch für die fraktale Geometrie, dass immer mehr komplexe Probleme gelöst werden können. Aber auch, hilft der Fortschritt einfach dabei noch schneller, noch mehr Iterationen durchzuführen. Heute kann man sich im Internet millionenfach iterierte Darstellungen der Mandelbrot-Menge ansehen. Das war vor 50 Jahren noch nicht denkbar (DYS).

4. Erzeugung von Fraktalen

4.1. Vorausgesetzte Kenntnisse zum mathematischen Verständnis

Um die Erzeugung von Fraktalen bzw. die Erzeugung der Mandelbrot-Menge, als Vertreter für computergenerierte Fraktale, verstehen zu können, müssen vorher einige Begriffe definiert und erläutert werden.

4.1.1. Die imaginäre Einheit (i)

Leonard Euler (1707 – 1708) führte als erster die Zahl i ein. Die imaginäre Einheit i erweitert den Zahlenbereich der reellen Zahlen ($\mathbb{R}$)[8], sodass die Gleichung $x^2 + 1 = 0$ lösbar wird.

$$x^2 + 1 = 0 \ (1)$$
$$x^2 = -1 \ (2)$$
$$x = \sqrt{-1} \ (3)$$
$$x = i \ (4)$$

Damit ist es nun auch möglich die Quadratwurzel aus negativen Zahlen zu ziehen, denn $i^2 = -1$ oder auch $-i \times -i = -1$, also ist $\sqrt{-1} = i$. Die Operationsregeln der imaginären Zahl sind die gleichen, als wäre i eine durch eine Variable vertretene reelle Zahl, also zum Beispiel:

$$6i + 8i = 14i$$

Der Name imaginär, lässt sich daher erklären, dass die Menschen Wurzeln aus negativen Zahlen, als nicht real, also eingebildet (imaginär), betrachteten. Diese Sichtweise ist durchaus verständlich, da das Quadrat einer Zahl eigentlich keine negative Zahl sein kann. Allerdings ist die Mathematik abstrakt und auch negative Zahlen an sich wurden lange Zeit nicht als echte Zahlen angesehen, da man zwar 2, 5 oder 100 Äpfel haben kann, aber nicht -2 Äpfel.[9]

Abgesehen davon gibt es in der Mathematik eine Gleichung, die die wichtigsten bzw. bekanntesten mathematischen Konstanten zusammenführt, wobei die imaginäre Einheit eine zentrale Rolle spielt, nämlich die eulersche Identität:

$$e^{\pi i} + 1 = 0$$

4.1.2. Die komplexe Ebene ($\mathbb{C}$)

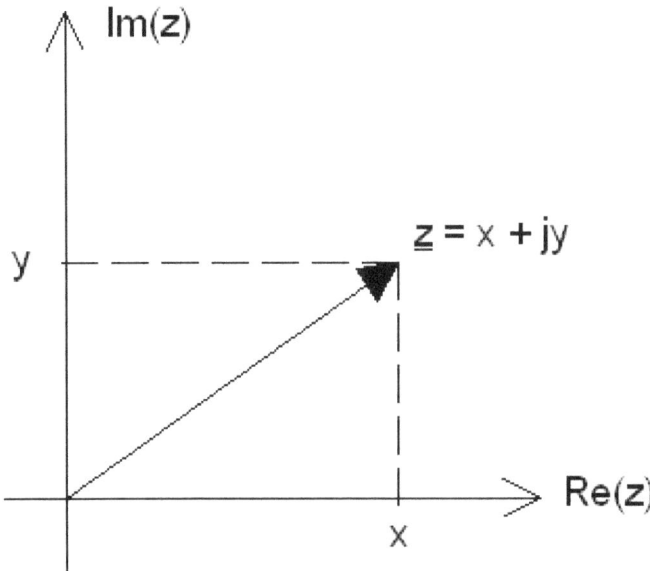

M3: Beispiel der Darstellung einer komplexen Zahl

Die komplexen Zahlen erweitern den Zahlenbereich der reellen Zahlen ($\mathbb{R}$).[10] Eine komplexe Zahl besteht immer aus einem reellen und einem imaginären Anteil, also zum Beispiel: $z = 12 + 5i$.

Die komplexe Ebene oder auch die „gaußsche Zahlenebene" wird in der Mathematik verwendet, um komplexe Zahlen geometrisch zu interpretieren.[11] Dargestellt wird diese komplexe Ebene in einem Koordinatensystem, in dem die x-Achse als „reelle Achse" und die y-Achse als „imaginäre Achse" dargestellt wird. Zwischen zwei reellen Zahlen sind immer unendlich weitere Zahlen, sie lassen sich jedoch auf einem Zahlenstrahl anordnen, also sind reelle Zahlen eindimensional. Komplexe Zahlen jedoch lassen sich nur auf einer Ebene darstellen, sie setzen sich nämlich aus zwei Komponenten zusammen, sind somit zweidimensional.

4.1.2.1. Operationsregeln mit komplexen Zahlen

Für Addition und Subtraktion gilt:

$$(a + bi) + (c + di) = (a + c) + (b + d) \times i$$

bzw.

$$(a + bi) - (c + di) = a - c) + (b - d) \times i$$

Für die Multiplikation ist das Distributivgesetz anzuwenden, also gilt:

$$(a + bi) \times (c + di) = (ac - bd) + (ad + bc) \times i$$

Das Produkt von zwei komplexen Zahlen kann auch eine reelle Zahl sein, wenn die Faktoren $(a + bi)$ und $(a - bi)$ sind:

$$
\begin{aligned}
(a + bi) \times (a - bi) &= a^2 - a \times b \times i + a \times b \times i - b^2 i^2 \\
&= a^2 - b^2 \times (-1) \\
&= a^2 + b^2
\end{aligned}
$$

Die Zahlen $(a + bi)$ und $(a - bi)$ werden <u>konjugiert komplexe Zahlen</u> genannt. Jede komplexe Zahl hat ein konjugiert komplexes Gegenstück, das vor allem bei der Division Verwendung findet.[12]

Damit eine komplexe Zahl durch eine andere geteilt werden kann, muss sie mit ihrem konjugiert komplexen Gegenstück multipliziert werden, um den Nenner reell werden zu lassen. Also gilt:[13]

$$\frac{a + bi}{c + di} = \frac{(a + bi)(c - di)}{(c + di)(c - di)} = \frac{ac + bd}{c^2 + d^2} + \frac{bc - ad}{c^2 + d^2} \times i = \frac{d(b - ia) + c(ib + a)}{d^2 + c^2}$$

4.1.3. Iterationen in der Komplexen Ebene

Der französische Mathematiker Gaston Julia war 1918 als Kriegsverletzter in einem Lazarett und untersuchte bzw. experimentierte dort mit Iterationen in der komplexen Ebene.[14] Er wollte wissen, was mit einem Punkt z in der komplexen Ebene geschieht, wenn man wiederholt die Transformation $z_{n+1} = z_n^2 + c$ auf ihn anwendet. „c" wird in diesem Fall als Konstante „control" verwendet, die einen großen Einfluss auf das spätere Gesamtbild hat. Außerdem ist zu beachten, dass die Zahlen z_n und c komplexe Zahlen sind. Man müsste nun jeden Punkt in der Koordinatenform als z_0 in die Abbildungsformel einsetzen und das Verhalten der Iteration für n gegen Unendlich untersuchen.[15] Dieser komplexe mathematische Sachverhalt lässt sich mit einem Beispiel von B. B. Mandelbrot erklären:[16]

Man nehme an, dass es der modernen Wissenschaft gelungen sei, Flöhe dahingehend genetisch zu verändern, dass sie eine mathematische Begabung besäßen. Nun setzt man einen dieser Flöhe auf einen Tisch mit einem Radius von zwei Metern, wobei der Tisch die Menge der komplexen Zahlen, mit einem Abstand kleiner gleich zwei vom Ursprung, symbolisiert. Der Floh verhält sich nun folgendermaßen:

„Er springe stets so, dass sich sein Abstand zum Ursprung quadriere und der Winkel, den der Floh, der Ursprung und die x-Achse einnehmen, sich verdopple (z_{n^2}). Zum Schluss springe er noch um den konstanten Wert c zur Seite ($z_n^2 + c$). Ein Punkt z_0 des Tisches liegt folglich genau dann in der Julia-Menge $J(c)$, wenn ein Floh, der auf diesen Punkt gesetzt wurde, bei seinen Sprüngen nie vom Tisch fällt."[17]

Setzt man Flöhe an verschiedenen Stellen auf dem Tisch aus, fallen viele nach einem oder mehreren (endlich vielen) Schritten vom Tisch, doch einige bleiben beim Springen immer auf dem Tisch. Färbt man nun alle Punkte ein, von denen man aus Flöhe aussetzen kann, die immer auf dem Tisch bleiben, ergibt sich das Muster, welches links dargestellt ist. [18] Die verschiedenen Brauntöne stellen die Flöhe dar, die herunterfallen, nach einer Anzahl von endlichen Wiederholungen.

M4: Julia Menge mit c=0,548+0,649i

4.2. Die Mandelbrot-Menge

Die Mandelbrot-Menge ist eines der berühmtesten und bekanntesten Fraktale, welches der breiten Masse bekannt ist. Sie ist eine Menge, die auch in der Chaostheorie eine wichtige Rolle spielt. Benannt wurde sie nach B. B. Mandelbrot, der sie im 20. Jahrhundert zur Klassifizierung von Julia-Mengen einführte und 1980 eine Arbeit über diese Thematik verfasste.

4.2.1. Definition über Rekursion

Rekursion bezeichnet, unter anderem in der Mathematik, eine Technik, bei der sich eine Funktion selbst definiert. Die Aufgabe einer Rekursion ist es *„ein Problem beim „Abstieg" in kleinere Probleme"* zu unterteilen, welche *„dann jeweils rekursiv weiter vereinfacht und schließlich gelöst werden."*[19] Das Grundprinzip der rekursiven Definition einer Funktion f ist:

Der Funktionswert $f(n+1)$ einer Funktion $f\colon \mathbb{N}_0 \to \mathbb{N}_0$ ergibt sich durch Verknüpfung bereits berechneter Werte $f(n)$, $f(n-1)$, ... Ein klassisches Beispiel[20] für Rekursion ist die in der Einleitung erwähnte Fibonacci-Folge:

$$1, 1, 2, 3, 5, 8, 13, 21, 34, 55 \ldots$$

Die Fibonacci-Funktion $fib\colon \mathbb{N}_0 \to \mathbb{N}_0$, die jedem n die n-te Fibonacci-Zahl zuordnet, hat die einfachen Fälle $fib(0) = 0$ und $fib(1) = 1$ und genügt der Rekursionsgleichung:

$$fib(n) = fib(n-1) + fib(n-2) \text{ für } n > 1$$

Daraus ergibt sich die rekursive Definition:

$$fib(n) = \begin{cases} 0 & \text{falls } n = 0 \text{ (Rekursionsanfang)} \\ 1 & \text{falls } n = 1 \text{ (Rekursionsanfang)} \\ fib(n-1) + fib(n-2) & \text{sonst (Rekursionsschritt)} \end{cases}$$

Die Mandelbrot-Menge $\mathbb{M}$ ist die Menge aller komplexen Zahlen c, für welche die rekursiv definierte Folge komplexer Zahlen $z_0, z_1, z_2, \ldots$ mit dem zuvor erwähnten Bildungsgesetz

$$z_{n+1} = z_n{}^2 + c$$

und dem Anfangsglied

$$z_0 = 0$$

beschränkt bleibt. Das bedeutet, der Betrag der Folgenglieder wächst nicht über alle Grenzen.[21] Die grafische Darstellung der Mandelbrot-Menge findet in der komplexen Ebene statt.

4.2.2. Erzeugung in Python

Die Erzeugung der Mandelbrot-Menge in der Programmiersprache Python hat den Vorteil, dass Python direkt mit komplexen Zahlen rechnen kann. So kann man mit einem relativ kurzen Programm die Entstehung der Mandelbrot-Menge anschaulich verdeutlichen. Die Erzeugung selbst, also der Algorithmus zur Berechnung, findet in der sogenannten *for*-Schleife statt. Das Programm muss jeden Punkt in der komplexen Ebene in die Iterationsformel $z_{n+1} = z_n{}^2 + c$ einsetzen. Der Rest des Programms dient der grafischen Darstellung auf einem Computer, die in Python unter anderem durch Gebrauch der PIL[a] stark vereinfacht wird. Das Programm wurde von Jörg Kantel geschrieben.[22]

---

[a] Python Imaging Library

```
from piddleQD import *
import Image, ImageDraw


def drawIt():
        width = 300
        height = 300
        limit = 2.0


        left = -2.25
        right = 0.75
        bottom = -1.5
        top = 1.5


        maxiter = 20


        canvas = QDCanvas(size=(width, height))
        im = Image.new("RGB", (width, height), (255, 0, 0))
        draw = ImageDraw.ImageDraw(im)

        for x in range(width):
                cr = left + x*(right - left)/width
                for y in range(height):
                        ci = bottom + y*(top - bottom)/height
                        c = complex(cr, ci)
                        z = 0.0
                        i = 0
                        for i in range(maxiter):
                                if abs(z) > limit:
                                        break
                                z = (z**2) + c
                                if i == (maxiter - 1):
                                        draw.point((x, y), (0, 0, 0))
                                else:
                                        draw.point((x, y), (i*32, i*32, i*32))

        canvas.drawImage(im, 0, 0)
        canvas.setInfoLine(((left, right), (top, bottom)))
        canvas.flush()drawIt()
```

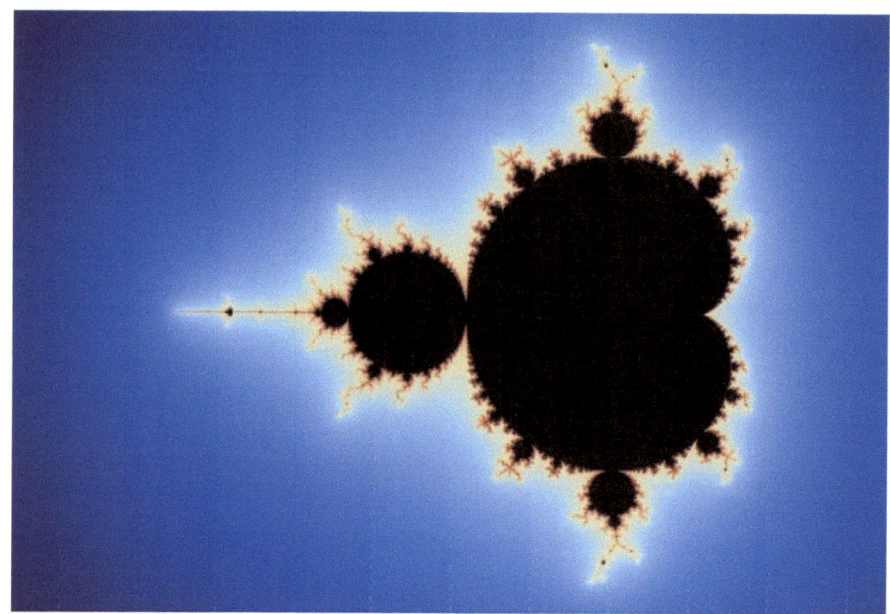

M5:Hochaufgelöste Darstellung der Mandelbrot-Menge

5. Fraktale in Natur und Hochtechnologie

5.1. Fraktale in der Natur

Fraktale sind der Natur immanent. Es ist verblüffend, dass uns das Prinzip der fraktalen Geometrie scheinbar überall umgibt, ja sogar wir selbst bestehen aus Fraktalen, und doch haben wir es erst so spät entdeckt und verstanden. Im Folgenden möchte ich einige Fraktale darstellen, wie sie in der Natur vorkommen und versuchen die Frage zu beantworten, warum die Natur fast ausschließlich aus Fraktalen besteht.

5.1.1. Biologie

Fraktale sind lebenswichtig für alle Lebewesen und es gibt hunderte Beispiele in der Biologie, denn die fraktale Geometrie hat sich immer wieder in der natürlichen Selektion durchgesetzt. Im Gegensatz zu kleinen Säugetieren haben Menschen ein sehr faltiges Gehirn, das im Durchschnitt eine Dimension von 2,79 und 2,73 haben soll.[23]

> *„Fraktale Selbstähnlichkeit durchzieht die Körper der Organismen, aber es ist nicht die platte homunculusartige[b] Selbstähnlichkeit, die sich die frühere Wissenschaft vorgestellt hatte. Der Körper ist eine Vernetzung von lauter selbstähnlichen Systemen wie den Lungen, den Gefäßsystemen, den Nervensystemen."[24]*

---

[b] Homunculus = künstlich geschaffener Mensch

Wir erkennen mithilfe der fraktalen Geometrie nun, dass das alte Newton'sche Weltbild, das die Welt wie eine Maschine funktioniert, in der alles eine Aufgabe erfüllt, falsch ist. In Wirklichkeit ist es nur immer wieder der gleiche Bauplan, es wäre ja auch zu kompliziert für jeden biologischen Vorgang einen anderen Bauplan *parat zu haben*. Stattdessen arbeitet auch die Biologie mit Iterationen, was wir auch an der Entstehung von Leben überhaupt sehen, die Zellteilung. Solange ein Mensch gesund ist, laufen biologische Prozesse in einem fraktalen Muster ab. Ein anderes Beispiel ist der Herzschlag, denn er ist nicht regelmäßig. Der Herzschlag folgt einem fraktalen Muster, das bei jedem Lebewesen individuell ist. Je ordentlicher und regelmäßiger der Herzschlag ist, desto ungesünder ist es für ein Lebewesen, ein komplett regelmäßiger Herzschlag bedeutet den Tod (NOVA). Natürlich muss man sich dafür den Herzschlag über einen längeren Zeitraum betrachten.

Aber auch das Adernetz von Lebewesen ist fraktal, selbst Pflanzen sind fraktal. In der Natur lassen sich keine euklidischen Körper finden, denn die Natur arbeitet immer zwischen Ordnung und Chaos. Zwischen Ordnung und Chaos befindet sich die Komplexität[25] und damit arbeiten die Fraktale. Aus biologischem Standpunkt stellen wir also fest, dass ohne Fraktale kein Leben möglich wäre, denn es ist die Simplizität, mit der die Natur arbeitet, die einen effizienten und gesunden Organismus ausmacht.

5.1.2. Geologie

M6: Küstenlänge Großbritanniens. Messung mit verschiedenen Messinstrumenten

Es gibt wiederum in der Geologie tausende Beispiele für Fraktale, ich möchte mich hier aber auf das Paradoxon der Küstenlängen konzentrieren. Natürliche Küstenlinien sind fraktale Strukturen, sie ähneln in ihren Eigenschaften stark der Koch-Kurve. Uns ist bereits bei der Betrachtung der Koch-Kurve aufgefallen, dass diese eine scheinbar unendliche und mathematisch gesehen eine faktisch unendliche Länge hat. Gleiches gilt für Küstenlinien. In den 1940er Jahren fiel einem britischen Forscher, Louis Richardson, auf, dass die Messungen von Küstenlinien stark variieren (NOVA).

1987 schrieb B. B. Mandelbrot einen Aufsatz über die die Länge der Küste Britanniens, in dem er beschrieb, warum sich diese Messunterschiede ergeben. Einfach formuliert beschreibt er, dass eine Küstenlinie länger wird, wenn man ein kleineres bzw. feineres Messinstrument verwendet.[26] Das liegt einfach daran, dass man, wie Mandelbrot es nennt, immer kleinere Buchten und Unterbuchten und Unter-Unterbuchten in die Rechnung mit einbeziehen muss.[27] Mandelbrot erkannte, dass man ihre Länge nicht messen kann, aber ihre Rauheit, also ihre Dimension. Wir können nun durch unser Vorwissen erschließen, dass eine Küstenlinie immer eine Dimension zwischen 1 und 2 haben muss (NOVA). Ein weiteres Beispiel für Fraktale in der Geologie sind z.B. Flussdeltas (siehe **M7**),

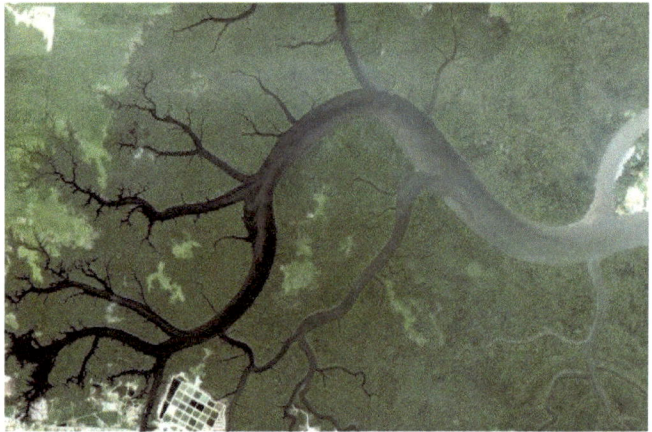

M7: Flussdelta

5.1.3. Das Universum

Letztendlich sehen wir, dass die Natur auf fraktaler Geometrie aufgebaut ist, sie ist selbstähnlich. Seit dem frühen 20. Jahrhundert, als Albert Einstein seine Relativitätstheorie verfasste, ging man davon aus, dass die Materie im Universum größtenteils gleichmäßig verteilt ist. Heute gibt es einige Forscher, die behaupten, dass sich die sichtbare Materie im Universum in fraktalen Strukturen aufbaut. Materie bildet Sternen- und Planetensysteme, die bei makroskopischer Betrachtung Galaxien bilden, dann Galaxienhaufen und später Supercluster.[28] Diese Cluster sind miteinander verbunden, sie bilden zusammenhängende Strukturen (siehe **M8**).

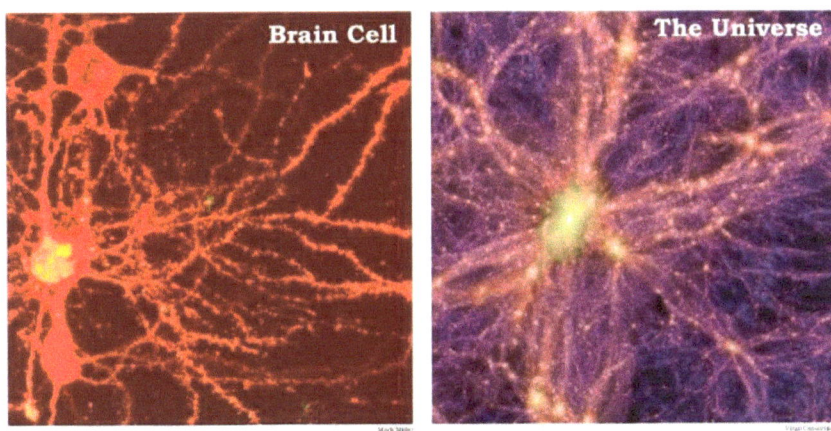

M8: *Vergleich des Universums mit einer Gehirnzelle*

Das widerspricht dem astrophysikalischen Kosmologischen Prinzip, welches aussagt, dass das Universum überall gleich aufgebaut sein müsste.[29] Allerdings handelt es sich dabei nur um die sichtbare Materie, die in unserem Universum lediglich 5% der Masse ausmacht. Etwa 10% sollen noch nicht entdeckte Elementarteilchen sein und 85% sogenannte Dunkle Materie und Dunkle Energie.[30] Diese jedoch soll im Universum nicht in fraktalen Strukturen verteilt sein. Es bleibt festzustellen, dass zumindest die sichtbare Materie im Universum immer wieder mit fraktalen Prinzipien arbeitet, wie z.B. der Iteration, und deswegen grundlegend wichtig sind für das Verständnis der Funktionsweise des Universums.

5.2. Fraktale in der Hochtechnologie

Wir haben nun gesehen, dass Fraktale in der Natur eine exorbitant wichtige Rolle spielen, doch wie ist es in der Technologie? Im folgenden Teil möchte ich mich mit der Leistungsfähigkeit fraktaler Antennen, als Repräsentant für viele weitere fraktal konstruierte Geräte, und der Anwendung fraktaler Geometrie in der Darstellung natürlicher Strukturen, sprich mit der Erzeugung von „special effects" auseinandersetzen.

5.2.1. Fraktale als Antennen

Durch die Anordnung von Antennen als Fraktale, vorzugsweise Koch-Kurven oder Sierpinski-Dreiecke, erlangt man eine weitaus höhere Effektivität in der Sende- und Empfangsleistung. Außerdem kann man durch diese Technik die Antennen massiv verkleinern und nur deshalb ist es heute möglich so kompakte Mobilfunkempfänger herzustellen, wie wir sie kennen (NOVA). Die Geräte, wie wir sie heute benutzen, also Smartphones, die verschiedenste Bandbreiten nutzen, wie W-LAN oder Bluetooth, bräuchten für jede dieser Bandreiten eine weitere Antenne. Auch dieses Problem lässt sich mit Fraktalantennen lösen, denn eine Fraktalantenne kann zugleich auf mehreren Frequenzen senden und empfangen (NOVA).

M9: Fraktalantenne in Form eines Sierpinski-Dreiecks

5.2.2. Anwendung in der Darstellung natürlicher Strukturen

Man denkt bei dem Begriff „special effects" nicht an Mathematik oder Fraktale, doch wären computeranimierte Filme oder „special effects", ohne die Kenntnisse der fraktalen Geometrie undenkbar. Die grafische Darstellung natürlicher Strukturen konnte durch die Kenntnisse der fraktalen Geometrie revolutioniert werden. In einer Zeit, in der alles noch von Hand gezeichnet werden musste und die ersten Computer langsam der Öffentlichkeit zugänglich wurden, entdeckte man, wie leicht es ist mit einfachen Iterationsschritten natürliche Strukturen zu erzeugen, wie z.B. Berge, um diese in computeranimierten Filmen zu benutzen (NOVA). Die erste komplett computeranimierte Szene in der Filmindustrie war die sogenannte Genesis-

Sequenz aus dem Film „*Star Trek II: Der Zorn des Khan*", in der ein kahler Planet mit Tälern und Bergen zu sehen war.

M10: *Ausschnitt aus Star Trek II von 1982*

Bevor man diese Technik anwendete war es fast unmöglich solche Strukturen mit dem Computer zu generieren, weil sie schlicht nicht gleichmäßig genug sind. Glatte Formen, wie Kreise und gerade Ecken und Kanten konnte man gut mit der klassischen Mathematik darstellen, aber nicht solche rauen, ungleichmäßigen Strukturen, wie Berge und Bäume. Heute wird die fraktale Geometrie in fast allen Filmen genutzt, die special effects enthalten, da es eine einfache Technik ist, um sehr realistische Bilder zu erzeugen. Aber auch in Videospielen ist die Animation mit fraktalen Prinzipien essentiell, um die Landschaften in den heutigen Videospielen darzustellen.

6. Vergleich mit klassischer Mathematik und Konklusion

Immer wieder bin ich während meiner Recherche- und Denkarbeit zur fraktalen Geometrie auf den Gegensatz zur klassischen oder euklidischen Geometrie gestoßen. Bis ins 19. Jahrhundert wurde Euklids Buch *„Die Elemente"* als Standardwerk für die Mathematik in allen höheren Schulen verwendet, denn es wurde als vollständig angesehen. Dieses Weltbild änderte sich erst vollständig nachdem man die Erkenntnisse von B. B. Mandelbrot akzeptierte und begriff. In der euklidischen Geometrie sind glatte Strukturen alles. Sie beschäftigt sich mit Kreisen, Dreiecken, Kugeln, Pyramiden, Ikosaedern und allen zwei- und dreidimensionalen Formen. B. B. Mandelbrot ist es gelungen sich von diesem Denkmuster zu lösen und einen neuen Weg einzugehen, denn er erkannte, dass es etwas zwischen diesen glatten Formen gab. Er entdeckte eine völlig neue Welt, die rau und ungleichmäßig war. Aber trotzdem verstand er die Muster hinter diesen Prozessen, was anderen Wissenschaftlern ermöglichte Prozesse verstehen zu lernen, die vorher nur mit dem Zufall beschrieben werden konnten.

Während meiner Arbeit zur fraktalen Geometrie habe ich neue Einblicke in die Mathematik, aber auch in die Biologie erlangt, an die ich vorher nicht gedacht habe. Vieles von dem, was ich recherchiert habe konnte ich aus Platzmangel nicht in diese Facharbeit einbringen, dennoch denke ich, dass ich nicht nur mein Wissen verdichtet habe und mein Verständnis zu dieser Thematik um ein vielfaches gefördert habe, sondern auch dem Leser eine anschauliche Einführung in die fraktale Geometrie verschafft habe. Fraktale sind ein wesentlicher Bestandteil unserer Welt, sie sind ein immanentes Prinzip unserer Natur und der Struktur unseres Universums, deshalb ist es wichtig nicht nur den Nutzen der Fraktale in der Technologie zu sehen, sondern auch die Möglichkeit zu einem höheren metaphysischen Verständnis des Seins unter Berücksichtigung des Prinzips der Selbstähnlichkeit zu gelangen.

7. Anhang

7.1. Literatur- und Quellenverzeichnis

[1] www.duden.de/rechtschreibung/Fraktal, Stand 10.01.2015

[2] www.frag-caesar.de/lateinwoerterbuch/fractus-uebersetzung.html

[3] Benoît B. Mandelbrot: Die fraktale Geometrie der Natur, Birkhäuser 1987

[4] www.duden.de/rechtschreibung/Iteration, Stand 10.01.2015

[5] www.youtube.com/watch?v=NGMRB4O922I , Dr Holly Krieger vom MIT

[6] www.wissensnavigator.com/interface4/management/endo-management/buch/hab233.pdf

[7] R. Hagelauer, A. Bode, H. Hellwagner, W. Proebster, D. Schwarzstein, J. Volkert, B. Plattner, P. Schulthess: Informatik-Handbuch. 2 Auflage. Pomberger, München 1999,S. 298–299.

[8] Vgl. http://matheguru.com/images/zahlenmengen.png

[9] www.free-education-resources.com/www.mathematik.net//komplexe/kz2s10.htm

[10] Vgl. http://matheguru.com/images/zahlenmengen.png

[11] www.mathebibel.de/komplexe-zahlen

[12] www.matheguru.com/algebra/62-komplexe-zahlen.html

[13] www.matheguru.com/algebra/62-komplexe-zahlen.html

[14] www.graphics.uni-ulm.de/lehre/courses/ss02/Computergrafik/SteffenGerhold.pdf

[15] www.weihenstephan.org/~michaste/down/steil-fraktalegeometrie.pdf

[16] www.math.tu-dresden.de/~jzumbr/fractals/fracmand.html

[17] www.graphics.uni-ulm.de/lehre/courses/ss02/Computergrafik/SteffenGerhold.pdf

[18] www.math.tu-dresden.de/~jzumbr/fractals/fracmand.html

[19] www.informatik.uni-ulm.de/sgi/progwerkstatt/old/vortraege/ws0304/Rekursion.txt

[20] de.wikipedia.org/wiki/Rekursion

[21] de.wikipedia.org/wiki/Rekursion #Definition_.C3.BCber_Rekursion

[22] www.schockwellenreiter.de/pythonmania/mandelbrotpy.html „Jörg Kantel

[23] Die Entdeckung des Chaos: Eine Reise durch die Chaos-Theorie, 1990, S. 154-157

[24] Die Entdeckung des Chaos: Eine Reise durch die Chaos-Theorie, 1990, S. 154-157

[25] Vera F. Birkenbihl: Vortrag über Komplexität,
(https://www.youtube.com/watch?v=dEwXZd223Vg)

[26] Benoît B. Mandelbrot: Wie lang ist die Küste Britanniens? , 1987
(http://link.springer.com/chapter/10.1007%2F978-3-0348-5027-8_5#page-1)

[27] Benoît B. Mandelbrot: Wie lang ist die Küste Britanniens? , 1987
(http://link.springer.com/chapter/10.1007%2F978-3-0348-5027-8_5#page-1)

[28] sciencev1.orf.at/science/news/147628 ,Robert Czepel, science.ORF.at, 21.3.07

[29] sciencev1.orf.at/science/news/147628 ,Robert Czepel, science.ORF.at, 21.3.07

[30] sciencev1.orf.at/science/news/147628 ,Robert Czepel, science.ORF.at, 21.3.07

7.2. Medienverzeichnis

M1: Iterationen der Koch-Kurve, de.wikipedia.org/wiki/Koch-Kurve#mediaviewer/File:Koch_curve_%28L-system_construction%29.jpg

M2: Die große Welle vor Kanagawa (ca. 1830), aus der Serie „36 Ansichten des Berges Fuji", de.wikipedia.org/wiki/Datei:The_Great_Wave_off_Kanagawa.jpg

M3: Beispiel der Darstellung einer beliebigen komplexen Zahl in der gaußschen Zahlenebene, www.tf.uni-kiel.de/matwis/amat/mw1_ge/kap_2/illustr/pfeil.gif

M4: Julia Menge mit $c = 0{,}548 + 0{,}649i$, www.math.tu-dresden.de/~jzumbr/fractals/fracmand.html

M5: Hochaufgelöste Darstellung der Mandelbrot-Menge in Python 1500x1000 Pixel www.preshing.com/20110926/high-resolution-mandelbrot-in-obfuscated-python

M6: Küstenlänge Großbritanniens, http://de.wikipedia.org/wiki/Küstenlänge

M7: Flussdelta von Google Earth, www.paulbourke.net/fractals/googleearth/kuching.jpg

M8: Vergleich einer Simulation des Universums (Virgo Consortion) und einer menschlichen Gehirnzelle (Mark Müller), http://i29.tinypic.com/2qu5g69.png

M9: Fraktalantenne von Prof. Dr. Hans-Hellmuth Cuno, www.dg1asc.de/scrap/fraktal.htm

M10: Genesis-Sequenz aus dem Film „*Star Trek II – Der Zorn des Khan*" von 1982, http://goo.gl/tdyqRu

7.3. Sonstige Hilfsmittel und Anmerkungen

Außer den von mir unter den Punkten 7.1. und 7.2. angegebenen Quellen verwendete ich folgende Hilfsmittel:

- Zur Vorbereitung der Facharbeit und als Hilfestellung benutzte ich folgende Facharbeit, die ich jedoch nicht ungekennzeichnet zitierte. Sie diente lediglich als Hilfe zur Gliederung und als Aufhänger, wenn ich nicht wusste, wie ich weiter verfahren sollte bzw. wollte. Als Verweis für direkte Zitate und/oder Umformulierungen führe ich hier die Kennzeichnung „DYS" ein. (http://dystopic.de/files/facharbeit.pdf)

- Zum allgemeinen Verständnis der fraktalen Geometrie und den historischen Fakten ziehe ich Informationen aus der Dokumentation „Nova: Hunting the Hidden Dimension" vom 28. Oktober 2008 in der deutschen Fassung heran. Als Verweis auf diese Dokumentation führe ich hier die Kennzeichnung „NOVA" ein.

BEI GRIN MACHT SICH IHR WISSEN BEZAHLT

- Wir veröffentlichen Ihre Hausarbeit,
  Bachelor- und Masterarbeit

- Ihr eigenes eBook und Buch -
  weltweit in allen wichtigen Shops

- Verdienen Sie an jedem Verkauf

Jetzt bei www.GRIN.com hochladen und kostenlos publizieren